数学大侦探

加减法
真好玩

〔英〕约翰尼·马科斯 / 克里斯汀·斯旺森 **著**

〔英〕约翰·比格伍德 / 戴夫·谢泼德 **绘**   赵文伟 **译**

贵州出版集团
贵州人民出版社

猫生医生

夏洛克·骨尔摩斯

莫里鼠蒂教授

SHERLOCK BONES

我 叫夏洛克·骨尔摩斯（世界一流侦探、职业计算高手），我的工作是利用高超的数学技巧解决问题，并尽可能抓住狡猾的罪犯。

你能在加减法大冒险的过程中助我一臂之力，并追捕到我那个邪恶的劲敌莫里鼠蒂教授吗？随着你的进步，你将获得奖章，而且在你认真阅读本书的过程中，会有一些问题来检验你是否掌握了各种计算技巧。我和我忠实的伙伴猫生医生会支持你，并给你一些有用的提示。

本书中的挑战分为以下几个等级：
3—9页：青铜级
基本的加法/简单的减法/巧妙的数字关系图
10—17页：白银级
疯狂的竖式计算/可怕的分数/金钱魔法
18—25页：黄金级
微妙的序列/冷酷的负数/魔鬼般的小数
26—31页：白金级
异分母/非凡的代数/古老的罗马数字
32页：混合的疯狂

你可以用一张纸
把你的运算过程写下来。

青铜级
基本的加法

我和猫生用加法计算总和。
例如，这个星期我吃了 3 + 2 + 10 罐狗粮，
好家伙，总共 15 罐。
侦破案件是一项令人饥饿的工作！

请用你了不起的加法技巧解出下面的题：

问题 1

猫生打算提拔几个猫狗学员。
她要数一下储藏室里一共有多少枚警徽，
你能帮她算一下总数吗？

+

=

问题 2

哦，不！哞太太的商店里发生了盗窃案。
你能把失窃物品的价格**加起来**，
计算出**总和**吗？

£3

+

£5

+

£10

失窃物品的**总价**为：£

如果你在把两个以上的数相加时
遇到困难，可以试着把它们分成几部分，
就像这样：

$$3 + 7 + 11 = ?$$
$$3 + 7 = 10$$
$$10 + 11 = 21$$

问题 3

下面的说法是**正确**的，还是**错误**的？

两个**奇数**相加，结果一定是**偶数**。

答案是：

问题 4

猫生在犯罪现场提取爪印。
她用不同的颜色（**蓝色**、**绿色**、**红色**和**黄色**）
代表不同的动物。请问她一共找到了多少枚爪印？

有多少枚**蓝色**的
爪印？

有多少枚**红色**的
爪印？

有多少枚**绿色**的
爪印？

有多少枚**黄色**的
爪印？

把**蓝色**和**绿色**的
爪印相加，
总数是多少？

把**红色**和**黄色**的
爪印相加，
总数是多少？

快速测验

5 + 2 =

7 + 6 =

9 + 3 =

6 + 5 =

8 + 4 =

6 + 4 =

12 + 9 =

21 + 10 =

17 + 4 =

13 + 5 =

36 + 11 =

43 + 10 =

简单的减法

我和猫生用**减法**从一个数中减去另一个数。

例如，星期一，猫生买了4罐猫粮，吃了3罐。

所以，我们可以算出，猫生只剩下**1**罐猫粮了。

请用你高超的减法技巧来解出下面的题：

问题 5

我和猫生曾跟着莫里鼠蒂的几个同伙进入下水道，但梯子上少了几个横杆。

你能用你高超的减法技巧帮助我们安全到达每架梯子的底部吗？

梯子 1
本来应该有
10个横杆

梯子 2
本来应该有
15个横杆

梯子 3
本来应该有
20个横杆

少了
3个

这道题
可以写成
10 - 3 = ?

少了
7个

少了
6个

梯子上剩下
多少个横杆？

梯子上剩下
多少个横杆？

梯子上剩下
多少个横杆？

问题 6

成功啦! 我们找到了莫里鼠蒂的一个藏身处。猫生已经监视这栋房子一段时间了。
她看见50只老鼠进去了。后来,有26只老鼠离开了,接着又有19只离开了。
请问房子里还剩多少只老鼠?

50

答案是:

问题 7

帕布罗·波洛克的画廊里有两幅画。画的总价为50英镑。
其中一幅画被一个神秘的盗贼偷走了,被盗的画价值13英
镑。请问没被盗的画价值多少钱?

答案是:

£

快速测验

9 – 5 =

12 – 7 =

15 – 13 =

17 – 7 =

18 – 5 =

28 – 6 =

33 – 4 =

46 – 8 =

58 – 9 =

51 – 10 =

65 – 30 =

83 – 21 =

巧妙的数字关系图

这是一个**数字关系图**。
当你对这些数字进行加减时，
可以看到它们之间的关系。

通过这个数字关系图，
你可以断定：
$$4 + 6 = 10$$
$$10 - 6 = 4$$
$$10 - 4 = 6$$

为了做一名世界一流侦探，你的头脑必须快如闪电。
请用你的数字知识在下面这个解题单元里找出缺失的数字。

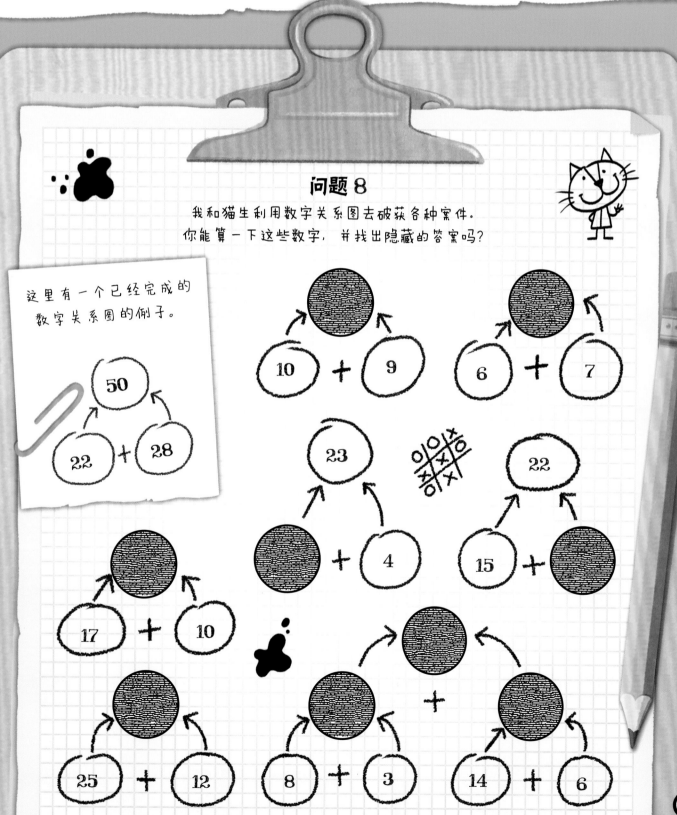

问题 8

我和猫生利用数字关系图去破获各种案件。
你能算一下这些数字，并找出隐藏的答案吗？

这里有一个已经完成的数字关系图的例子。

问题 9

我和猫生认为，我们可能已经找到了莫里鼠蒂的另一个秘密藏身处。但为了获得门禁密码，我们必须解出这道题。考验一下你的算术能力，以获得正确的密码。

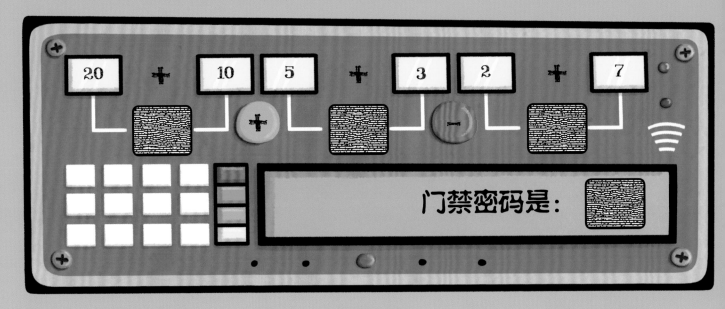

问题 10

猫生认为莫里鼠蒂团伙利用排水管系统实施了某些犯罪行为。她注意到，他们进出时使用不同数字的井盖，井盖上的数字总和永远是100。举个例子来说，如果这个团伙进入时，井盖上的数字是20，那么出去时井盖上的数字就是80。你能跟踪这些老鼠，并计算出井盖上会出现哪些数字吗？

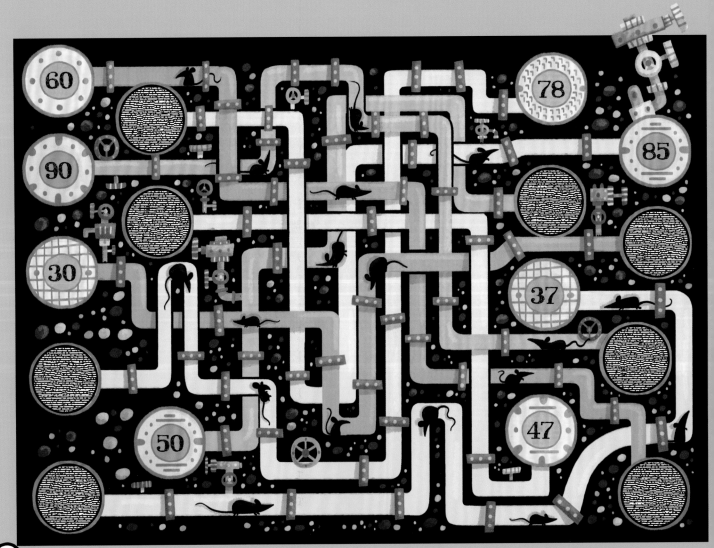

问题 11

几天前，有人报案说钱包被盗。我和猫生急忙赶到案发现场，可惜让犯罪嫌疑人跑掉了。又过了几天，被盗的钱包居然被一只匿名的老鼠交到了警察局。这真是太奇怪了！

失主说钱包里原来有90英镑。看一看证物，你能否算出被偷走的钱数。

证物 →

剩下多少钱？

£ ▓▓▓

被偷走多少钱？

£ ▓▓▓

莫里鼠蒂的恶行
青铜级

有人从国家珍稀艺术品博物馆里偷走了数字钻石。这颗钻石陈列在危险金字塔的顶端。我们怀疑这个卑劣的勾当又是莫里鼠蒂干的，但为了提取爪印，我们必须爬上金字塔。

你能解出下面这道题，并获得你的**青铜级**奖章吗？

砖圈和数字关系图的计算原理一样。相邻两个砖块里的数字相加后等于上面那块砖里的数字。例如，最底下一行中间的两个数，
8 + 6 = 14。

绿砖里的数字是：▓▓▓

红砖里的数字是：▓▓▓

黄砖里的数字是：▓▓▓

要想算出黄砖里的数字，你必须先算出它下面两块砖里的数字是什么。

白银级

疯狂的竖式计算

当你想对大数进行加减时，竖式计算很有用。
你必须先算出**个位数**（右边的），
再计算**十位数**。

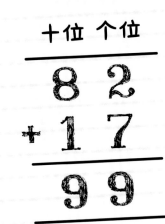

十位	个位
8	2
+ 1	7
9	9

猫生一直在做加减法运算。但她发现，其中有些数字消失了。她一定是错用了隐形墨水！你能推算出下面问题中缺的是哪些数字吗？

个位数相加满**10**或**10**以上，需要向**十位**进**1**。这叫重组，因为我们把十个**1**重组成了一个**10**。

问题1: 加法

```
  3 ▯        6 5        5 7
+ 4 7      + 2 3      + 1 4
-------    -------    -------
  7 9        8 ▯        7 ▯
```

```
  ▯ 6        5 2        7 1
+ 4 6      + ▯ 8      + 2 6
-------    -------    -------
  9 2        7 0        ▯ 7
```

把问题**1**和问题**2**的答案写在一张纸上。

问题2：减法

$$\begin{array}{r} 8\,\blacksquare \\ -\ 5\ 2 \\ \hline 3\ 6 \end{array}$$

$$\begin{array}{r} 5\ 9 \\ -\ 3\ 6 \\ \hline \blacksquare\ 3 \end{array}$$

如果**个位**上的数不够减（因为第二个数比第一个数大），你必须向**十位**借数。这也叫重组，这次是把一个10重组成十个1。

$$\begin{array}{r} 4\ 2 \\ -\ 2\ 3 \\ \hline \blacksquare\ 9 \end{array}$$

$$\begin{array}{r} 6\ 5 \\ -\ 4\,\blacksquare \\ \hline 1\ 8 \end{array}$$

十位　个位

$$\begin{array}{r} 2\ 3 \\ -\ 1\ 8 \\ \hline 0\ \blacksquare \end{array}$$

现在，你能把**问题1**中缺失的数字都加起来吗？

总和是：

现在，你能把**问题2**中缺失的数字都加起来吗？

总和是：

为了证明你是一个白银级解题手，你能从**问题1**的总数中减去**问题2**中的总数吗？

答案是：

11

可怕的分数

我和猫生用分数计算还剩多少东西。举个例子来说，今天早上，
我剩了 $\frac{5}{12}$ 的早餐，猫生剩了 $\frac{1}{12}$。所以，总共剩了 $\frac{6}{12}$。这个分数可以简化。
6和12能被6整除，所以，$\frac{6}{12}=\frac{1}{2}$。分母（分数线下面的数）相同的分数相加，
只是分子（分数线上面的数）相加，分母不变。

问题 3

我和猫生一直在追捕那些讨厌的老鼠，我们必须紧跟着他们。
我们找到了他们的又一个藏身处，他们肯定刚离开，因为食物还是热乎的。
你能用分数计算出还剩下多少食物吗？

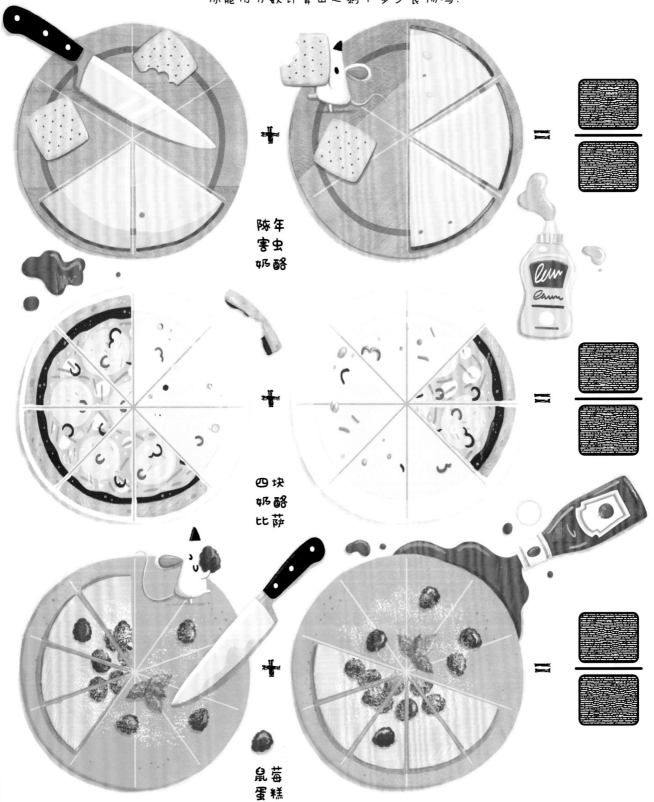

陈年
害虫
奶酪

四块
奶酪
比萨

鼠莓
蛋糕

问题 4

我们一直在监视莫里鼠蒂的摩天大楼——位于羊毛街的**鼠疫大厦**。我们想在这座楼最忙碌的时候对它进行突袭。你能算出在不同时间打开的灯占几分之几吗？亮的灯越多，就代表这座楼越忙碌。我们尤其想知道哪个房间是莫里鼠蒂的办公室，这样我们就可以四处窥探一下。因为屋里一直没有人，所以灯从没亮过。

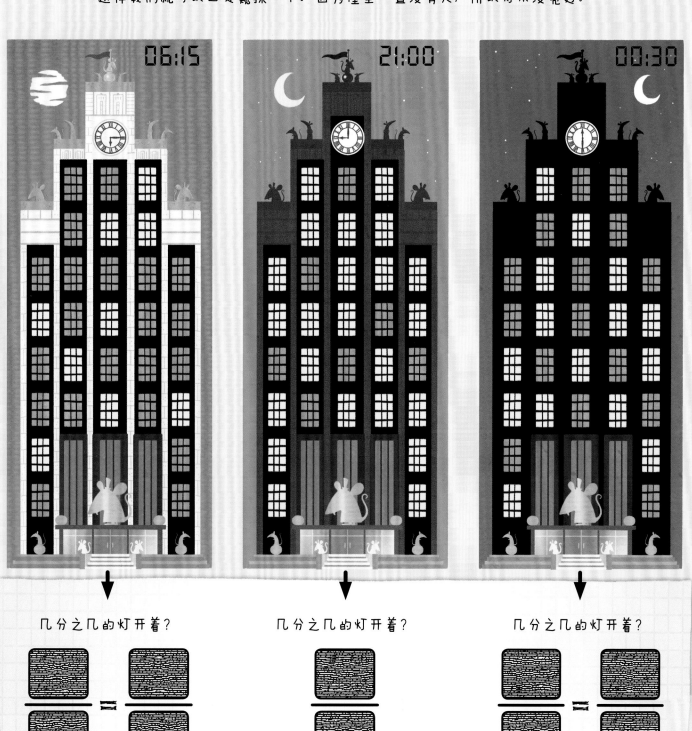

06:15   21:00   00:30

几分之几的灯开着？   几分之几的灯开着？   几分之几的灯开着？

什么时间最忙碌？

哪个房间是莫里鼠蒂的办公室？

莫里鼠蒂的办公室在第 层。

左数第 个窗户。

金钱魔法

在加减钱数时，你必须记住，1英镑（£）等于100便士（p）。小数点要放在英镑的后面，便士的前面。举个例子，说7.25英镑就比说725便士好，也更容易装进你的口袋里！

问题5

我亲爱的猫生指出，我的衣橱需要升级了。
你能算一下我买以下物品需要花多少钱吗？

斗篷
7.25英镑

帽子
14.55英镑

答案是：
£ ☐☐.☐☐

问题6

既然我是世界一流侦探，那最好还是添置些新东西吧。请问买以下物品需要花多少钱？

放大镜
8.20英镑

笔记本
6.99英镑

答案是：
£ ☐☐.☐☐

问题7

我一共花了多少钱？

£ ☐☐.☐☐

问题8

猫生掌管我们的钱，
她给了我50英镑让我买东西。
我能剩下多少钱还给她？

£ ☐☐.☐☐

哞太太打来电话，说她刚在店里做了一笔可疑的买卖。她认为那位顾客可能一直在为莫里鼠蒂效劳，因为他买了几样非常特殊的东西。
请问那位顾客一共花了多少钱？

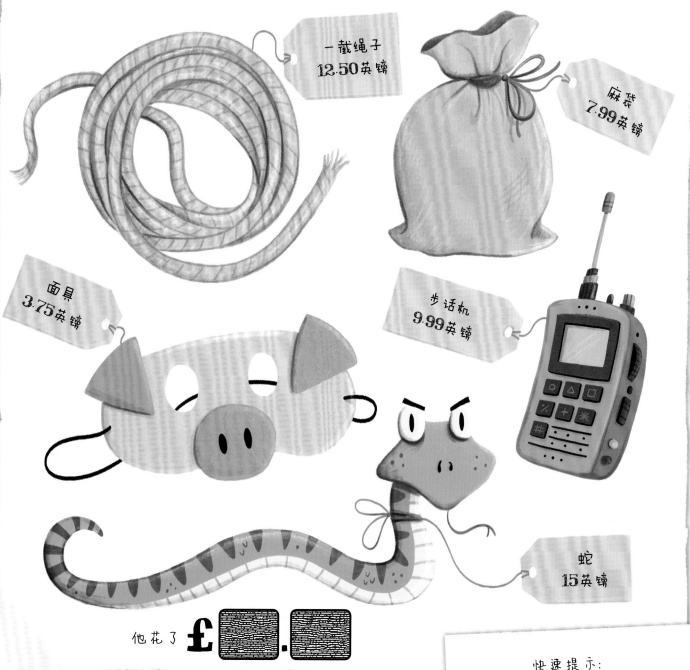

一截绳子
12.50英镑

麻袋
7.99英镑

面具
3.75英镑

步话机
9.99英镑

蛇
15英镑

他花了 £ ▨▨.▨

£50

问题 10

那位狡猾的顾客用一张50英镑的钞票付的账。
请问哞太太找了他多少钱？

答案是：

£ ▨▨.▨

快速提示：

如果你很难算出答案，可以试着四舍五入，然后加上或减去差值。
例如，在问题6中，你可以用8.20英镑加上7英镑，再减去0.01英镑。

CONFIDENTIAL
TOP SECRET
CONFIDENTIAL

(15)

$$7\ 8$$
$$+\ 1\ 9$$

£9.99 − £1.23 = £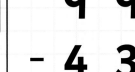

$$\frac{1}{10} + \frac{3}{10} + \frac{1}{10} =$$

$$\frac{2}{7} + \frac{3}{7} + \frac{1}{7} =$$

$$9\ 9$$
$$-\ 4\ 3$$

莫里鼠蒂的恶行
白银级

不出我们所料，危险金字塔上布满了老鼠的脚印。
我和猫生正赶回警察局立案时，一只啮齿动物在我们前头急匆匆地跑过，
冲进了一条巷子里。可惜，我们的速度不够快，没能抓住这个狡猾的家伙。
不过，混乱中，我们发现他掉了几封带有莫里鼠蒂蜡印的信。
从那以后，我们一直在破译这些信。

你能用你的加减法技巧算出门牌号和门禁密码吗？

尊敬的莫里鼠蒂教授：

　　谢谢您来看我。我立刻就知道是您——我听出了您的敲门声。
您能告诉我门牌号和门禁密码吗？

小不点儿

亲爱的小不点儿：

一如既往，我很高兴见到你。

谢谢你送来的炖菜，很好吃。

至于你问的问题，很简单。

门牌号是：48 + 1/2+1/2 + 3 − 17。
在吱嘎街上。

门禁密码是：72+2+2/4+6+4-2/4-8。

谨致问候

莫里鼠蒂

门牌号是：

门禁密码是：

一算出门牌号和门禁密码，我们就立刻沿着河边一条狭窄的小路朝吱嘎街跑去。
我们听到前面有全速奔跑的脚步声，但是天太黑，一个人也看不见。
我们在追逐影子，必须加速追赶。突然，猫生发现了一条过河的捷径。
你能用你的**白银级**技巧带领我们安全过河，并获得你的奖章吗？

黄金级
微妙的序列

当我们想确定数字之间的规律和关系时，序列就很有用了。
看看下面的序列：
5、10、15、20、25、30、35、40、45……

如果你的数学很棒，可能已经注意到了，这些数是以5的倍数增加的。
这个序列的下一个数是50。

问题 1

城里突然发生了一连串盗窃案。我注意到被盗房屋的门牌号
有些古怪，于是渐渐摸清了案情。看样子，盗贼们是按照某
种规律在这条街上作案的。你能算出每个序列里盗贼下一个
目标的门牌号是多少吗？

门牌号遵循
一定的规律。
每条街的规律不同。

狗镇路

食蚁兽大道

松鼠广场

猫生弄

犬吠街

蜥蜴巷

问题2

莫里鼠蒂对食物很挑剔。他喜欢把奶酪角摆成三角形，
并创造出一个不同寻常的序列。

第一步
1个三角形

第二步
3个三角形

第三步
6个三角形

组成这个序列的数字称为三角形数。
接下来的三步各会有多少个三角形？你能找出规律吗？

第四步
___个三角形

第五步
___个三角形

第六步
___个三角形

冷酷的负数

问题3

猫生再次翻找证物箱，突然发现了一支旧温度计。可惜的是，有些数字已经看不清了。你能用已有的数字算出缺失的数字吗？

证据

如果你有一个负数，比如 **-10℃**，（呃！！！）加上正数，一直加，就能顺着数轴，加成正数。如果你从温度的角度考虑，加上更多度数，你会感觉更加温暖。

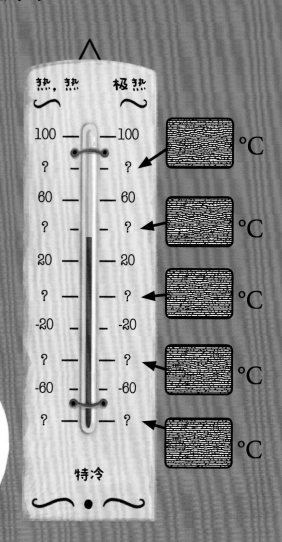

热，热　极热

| 100 — | — 100 |
| ? — | — ? | °C
| 60 — | — 60 |
| ? — | — ? | °C
| 20 — | — 20 |
| ? — | — ? | °C
| -20 — | — -20 |
| ? — | — ? | °C
| -60 — | — -60 |
| ? — | — ? | °C

特冷

问题4

哞太太不开心！昨天晚上有人切断了她商店里的电源，她的存货面临着腐烂的危险。看起来像是有人故意搞破坏，我敢打赌，我知道幕后黑手是谁。为了挽救存货，你能帮她计算一下合适的温度吗？

冷藏室：

温度要设定在 11℃ - 8℃ = °C

冷冻室：

温度要设定在 -24℃ + 6℃ = °C

商店：

温度要设定在 31℃ - 9℃ = °C

烤箱：

温度要设定在 135℃ + 45℃ = °C

问题 5

我们通过和极其勇猛的**世界警察**合作，发现了莫里鼠蒂在全球的一系列秘密藏身处。各个藏身处分别位于不同的气候条件下，每当我们到达一个目的地时，都要为炎热或寒冷的天气做好准备。

恶行山
-2℃

恶棍火山
31℃

魔鬼沙漠
51℃

阴森冰洞
-18℃

恶行山和恶棍火山之间的温差是多少？

 ℃

恶行山和阴森冰洞之间的温差是多少？

 ℃

莫里鼠蒂的下水道11℃。阴森冰洞比它冷多少度？

 ℃

恶行山和魔鬼沙漠之间的温差是多少？

 ℃

魔鬼沙漠和阴森冰洞之间的温差是多少？

 ℃

世界
警察

魔鬼般的小数

我们用小数来表示小的数。对比小数时，一定要把它们认真地排列在一起，这样你就能轻松地判断哪个数更大。

这里有个例子：

0.2, 2.0, 0.02, 0.05.

如果把小数摆在一起，我就可以依次看每一个数。

0.2
2.0
0.02
0.05

个位　十分位　百分位

现在，如果我看**个位数**，就会看到，除了从上往下数第二个数的个位数是**2**以外，其余的都是**0**。这意味着，这个数最大。

接下来，我再把爪子一滑，露出**十分位**上的数。啊哈！这次我会看到，除了最上面那个数的十分位上是**2**，其余的都是**0**。这意味着，这个数第二大。如果继续这个方法，我就能轻松地确定最大的数和最小的数，并轻松地把它们按顺序写下来。

问题6

我让猫生把莫里鼠蒂的卷宗全都拿过来。在来办公室的路上，她绊了一下，从楼梯上摔下去了。猫生的身手极其敏捷（她本来就是一只猫），所以毫发无损。只是卷宗的顺序全乱了。你能按照不同的颜色帮我们把卷宗整理好吗？请按数字顺序把它们从大到小归档。

蓝色卷宗：
（从大到小）

黄色卷宗：
（从大到小）

绿色卷宗：
（从大到小）

问题 7

我们一直在努力侦破一起案子，我已经在办公室里待了好几个小时了。我让猫生去食堂买我们俩的午餐，但我只给了她5英镑。请问她能买得起哪个选项？

菜单

热狗 —3.45英镑

美味意大利面 —2.70英镑

一块鸽子肉 —1.90英镑

猫派 —4英镑

瓶装水 —1.25英镑

盒装牛奶 —70便士

选项1：
热狗和一瓶水

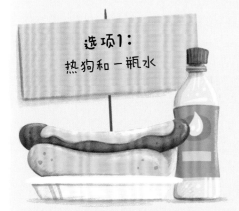

选项2：
鸽子肉和猫派

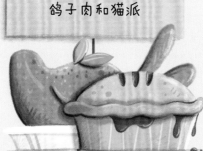

选项3：
美味意大利面和一盒牛奶

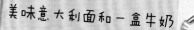

总金额：

£ ▨▨▨▨

总金额：

£ ▨▨▨▨

总金额：

£ ▨▨▨▨

猫生能买得起吗？

猫生能买得起吗？

猫生能买得起吗？

23

21°C – 24°C = °C

2°C + 4°C = □ °C

8.20 + 1.40 – 9.60 = □

44°C – 35°C = □ °C

5.99 – 1.80 – 1.19 = □

看看答案，
这个序列接下来
会出现哪个数字？

□

莫里鼠蒂的恶行
黄金级

LONDON FEB

过河后，我和猫生终于朝吱嘎街走去。我们看见一只老鼠正蹑手蹑脚地朝门口走去。这就是在博物馆外面从我们前面飞跑而过的那只狡猾的老鼠。这一定是小不点儿在信中提到的那所房子。难道这就是传说中莫里鼠蒂的**神秘怪兽屋**吗？我们等到四下无人时，小心翼翼地走到前门，输入门禁密码。巨锁"啪"的一声开了，我们急忙走进去。

这是一个巨大的门厅，四周全是书。屋子中央的一张桌子上有一张字条。猫生看起字条来。

亲爱的小不点儿：

请把钻石带到我的秘密金库。为了防止有人跟踪你，我设计了一套令人困惑的流程，只有你聪明的脑瓜儿能看懂。

想要打开机关，进入秘密通道，先想象你手里有24英镑，你花18.10英镑买了某样东西（你可能需要一支笔和一张纸）。你又买了别的东西，花了60便士。现在，我亲爱的伙计，你能不能告诉我，你本来有24英镑，减去花掉的钱，你还有多少钱？

算出结果后，你就去我的豪华书房里，找到那本书脊上有匹配号码的书，用力拉一下。

书的号码是： ▨▨.▨

我们一找到那本有匹配号码的书，猫生就把它从书架上拿了下来。
我们听到"砰"的一声，但也没什么其他变化。我们不知道出了什么问题，
接下来的一个小时，我们一直在浪费宝贵的时间寻找更多的线索。
就在这时，猫生有了一个好主意，她想看看信的另一面。

现在，你去找到恒温器，取下盖子。恒温器在那本石瑞尔·蛇
士比亚的书后面——讲的是一对倒霉的恋人。

看一下温度，很冷，-7℃。
我喜欢屋子里冷，不过，请你把温度调高11℃。

现在看看下面的序列，算出缺失的数字：

1.25，1.5，1.75，？

把这个缺失的数字加到刚才的温度上，设置最终的总温度，就
可以打开机关。

祝好

莫里鼠蒂

你能解出莫里鼠蒂的温度测验题，
并获得你的**黄金级**奖章吗？

恒温器应该设定在 ▨▨▨ ℃。

白金级
异分母

只有同分母（写在分数线下面的数，例如：$\frac{1}{2}$中的2，或者$\frac{1}{4}$中的4）的分数才能相加减。分母不同的分数相加减，要先化成同分母分数。例如下面的分式：

$$\frac{2}{5} + \frac{3}{10}$$

五分之几和十分之几不能相加，但我们可以利用一下我们的乘法知识，我们可以看到，10是5的倍数，5乘以2等于10。所以，第一个分数要乘以2。

$$\frac{2}{5} \begin{matrix} \times 2 \\ \times 2 \end{matrix} = \frac{4}{10}$$

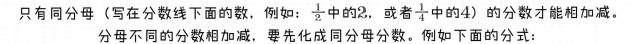

$\frac{4}{10}$等于$\frac{2}{5}$，也就是说，它们是一样的。现在$\frac{4}{10}$可以加上$\frac{3}{10}$，得出$\frac{7}{10}$。有的时候，我们的答案可以通过分数的分子和分母同时除以相同的数来进行约分。

例如，$\frac{6}{10}$可以约分为$\frac{3}{5}$。

问题 1
你能把这些异分母化为同分母，并解出下面的分式吗？

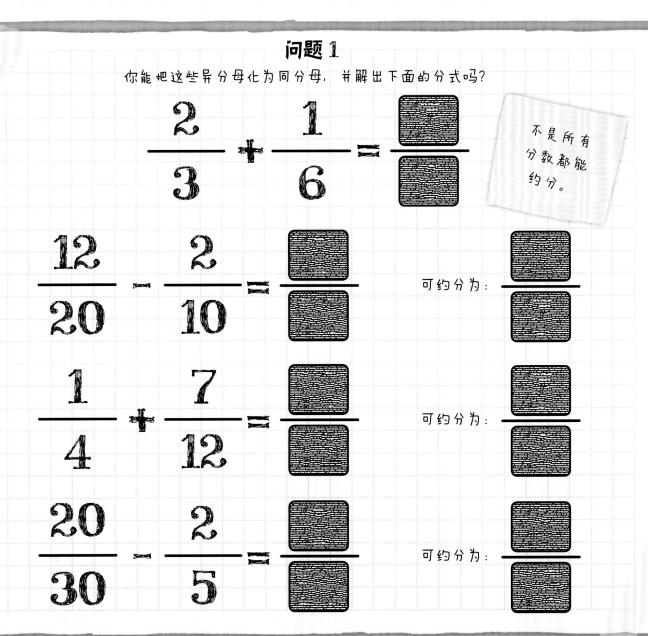

不是所有分数都能约分。

问题2

哞太太正在精心准备一场晚宴。她邀请了很多朋友，包括猫生和我。她要估算大家的饭量来决定买多少食物。你能把总共6位客人的饭量加起来，算出每道菜的总数吗？

需要的话，把运算过程写在一张纸上。

第一道菜：1条鱼
主菜：$\frac{1}{2}$ 只鸡
甜点：$\frac{1}{4}$ 个派

第一道菜：$\frac{1}{2}$ 条鱼
主菜：$\frac{1}{8}$ 只鸡
甜点：$\frac{1}{8}$ 个派

第一道菜：$2\frac{1}{2}$ 条鱼
主菜：$\frac{1}{4}$ 只鸡
甜点：$\frac{1}{8}$ 个派

第一道菜：$2\frac{1}{4}$ 条鱼
主菜：$\frac{1}{2}$ 只鸡
甜点：$\frac{3}{8}$ 个派

第一道菜：$3\frac{3}{4}$ 条鱼
主菜：$\frac{5}{8}$ 只鸡
甜点：$\frac{1}{8}$ 个派

第一道菜：1条鱼
主菜：1只鸡
甜点：1个派

哞太太需要买几条鱼？

哞太太需要买几只鸡？

哞太太需要买几个派？

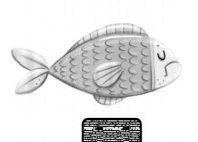

非凡的代数

代数就是用字符代替数字。就这么简单！举个例子，
请看下面这道题：

$$8 + m = 23$$

我们可以把 8 往上加，直到得出 23，
或者用 23 减去 8，算出 m 的值，
就像我们在巧妙的数字关系图部分所做的那样。

问题 3

这是一张我书房的俯瞰图。书桌的周长是 7 米。

你能利用猫生提供的数据算出 x 的值吗？

X = ▨ 米

解代数题时，你需要用一种叫"逆运算"的方法
来计算数值。例如，$14 + k = 20$，我可以用逆运
算做减法。$20 - 14 = 6$。这样，答案就出来了，
因为 $14 + 6 = 20$。

问题 4

我和猫生迫不及待地要突袭莫里鼠蒂的一个藏身处。但在开始之前，我们必须研究一下那栋建筑的图纸。那栋楼是很多年前设计的，所以有些测量数据已经模糊不清了。你能用你的加减法知识计算一下每个字符的数值吗？

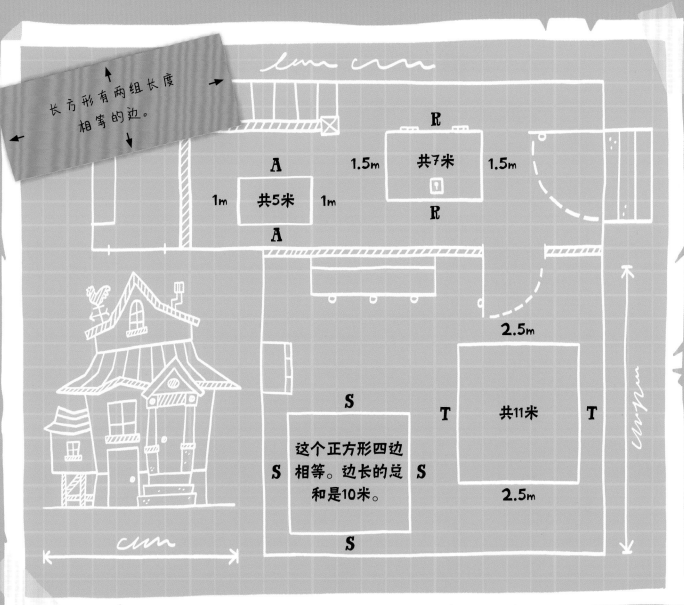

长方形有两组长度相等的边。

R 共7米 R
1.5m 1.5m

A
1m 共5米 1m
A

2.5m

S
S 这个正方形四边相等。边长的总和是10米。 S
S

T 共11米 T

2.5m

绕图形一圈的长度叫周长。

R = ▨▨▨ 米

A = ▨▨▨ 米

T = ▨▨▨ 米

S = ▨▨▨ 米

每个图形的周长都写在了里面。

古老的罗马数字

早在我们的数字系统出现之前，罗马数字就已经开始使用了。我和猫生喜欢用它们来保持警觉。掌握这个技能对解开很久之前的数字谜题很有用。

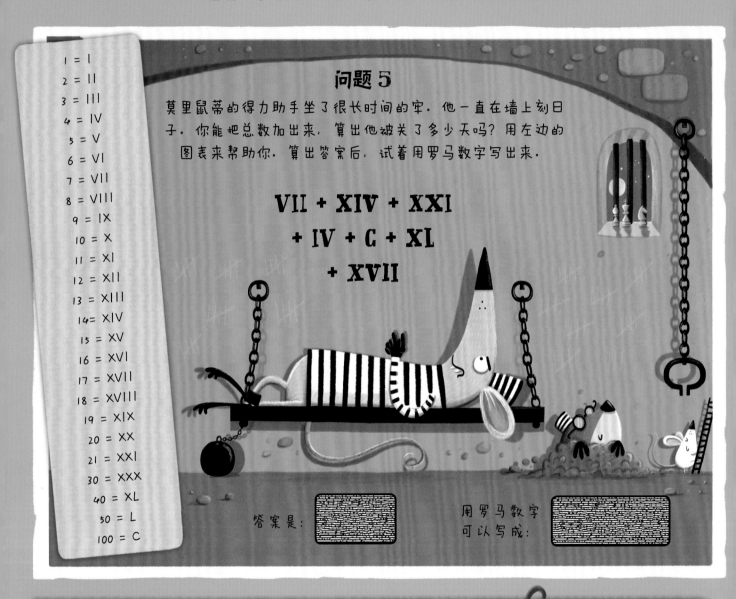

罗马数字表
1 = I
2 = II
3 = III
4 = IV
5 = V
6 = VI
7 = VII
8 = VIII
9 = IX
10 = X
11 = XI
12 = XII
13 = XIII
14= XIV
15 = XV
16 = XVI
17 = XVII
18 = XVIII
19 = XIX
20 = XX
21 = XXI
30 = XXX
40 = XL
50 = L
100 = C

问题 5

莫里鼠蒂的得力助手坐了很长时间的牢。他一直在墙上刻日子。你能把总数加出来，算出他被关了多少天吗？用左边的图表来帮助你。算出答案后，试着用罗马数字写出来。

$$VII + XIV + XXI + IV + C + XL + XVII$$

答案是：

用罗马数字可以写成：

快速测验

$19 - K = 11$ $K =$ $XL + XVIII =$

$J + 75 = 100$ $J =$ $C - XIX =$

$49 - W = 42$ $W =$ $\dfrac{2}{9} + \dfrac{5}{18} =$

$84 + S = 97$ $S =$ $\dfrac{4}{16} + \dfrac{4}{8} =$

莫里鼠蒂的恶行　　白金级

我和猫生把恒温器调到合适的温度后，书架上的一块嵌板动了，露出一条消失在黑暗中的通道。我们勇敢地沿着那条路走进莫里鼠蒂的豪宅深处。你能沿着正确答案把我们带到莫里鼠蒂的地堡吗？

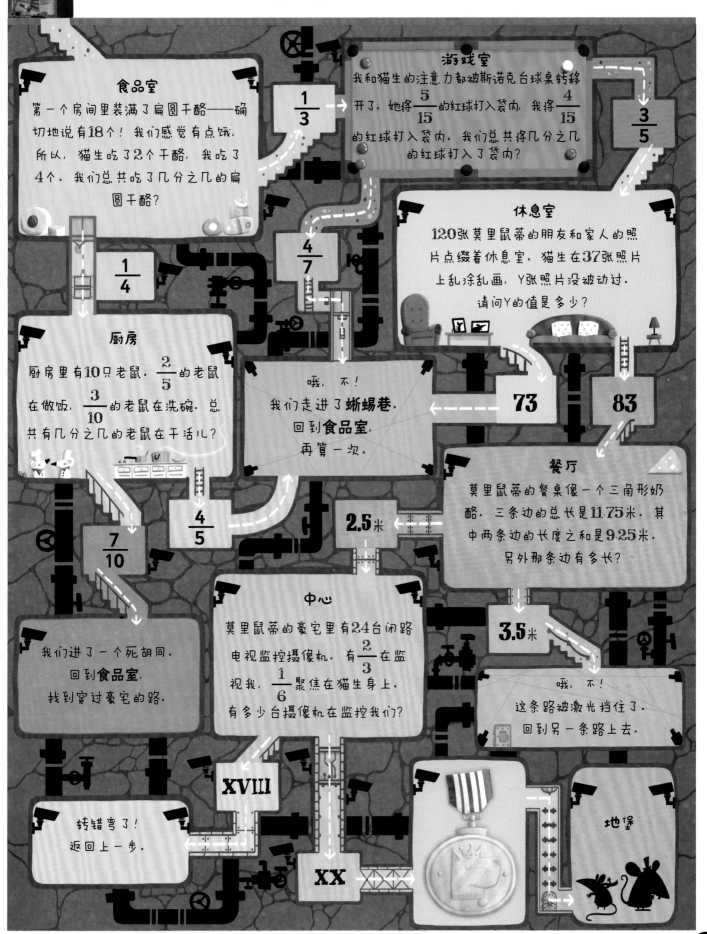

食品室

第一个房间里装满了扁圆干酪——确切地说有18个！我们感觉有点饿，所以，猫生吃了2个干酪，我吃了4个。我们总共吃了几分之几的扁圆干酪？

$\frac{1}{3}$

游戏室

我和猫生的注意力都被斯诺克台球桌转移开了。她将 $\frac{5}{15}$ 的红球打入袋内，我将 $\frac{4}{15}$ 的红球打入袋内。我们总共将几分之几的红球打入了袋内？

$\frac{3}{5}$

$\frac{1}{4}$

$\frac{4}{7}$

休息室

120张莫里鼠蒂的朋友和家人的照片点缀着休息室。猫生在37张照片上乱涂乱画，Y张照片没被动过。请问Y的值是多少？

厨房

厨房里有10只老鼠。$\frac{2}{5}$ 的老鼠在做饭，$\frac{3}{10}$ 的老鼠在洗碗。总共有几分之几的老鼠在干活儿？

哦，不！我们走进了**蜥蜴巷**。回到**食品室**，再算一次。

73

83

餐厅

莫里鼠蒂的餐桌像一个三角形奶酪。三条边的总长是11.75米。其中两条边的长度之和是9.25米。另外那条边有多长？

$\frac{7}{10}$

$\frac{4}{5}$

2.5米

中心

莫里鼠蒂的豪宅里有24台闭路电视监控摄像机。有 $\frac{2}{3}$ 在监视我，$\frac{1}{6}$ 聚焦在猫生身上。有多少台摄像机在监控我们？

3.5米

我们进了一个死胡同。回到**食品室**，找到穿过豪宅的路。

哦，不！这条路被激光挡住了。回到另一条路上去。

XVIII

转错弯了！返回上一步。

XX

地堡

混合的疯狂
莫里鼠蒂的恶行

莫里鼠蒂和小不点儿被困在他们的秘密地堡里了。
无处可藏，无路可逃。

想要获得你的**警探徽章**，并证明你真的是一个加减法高手，
你只需遵循以下步骤，并计算出正确答案。

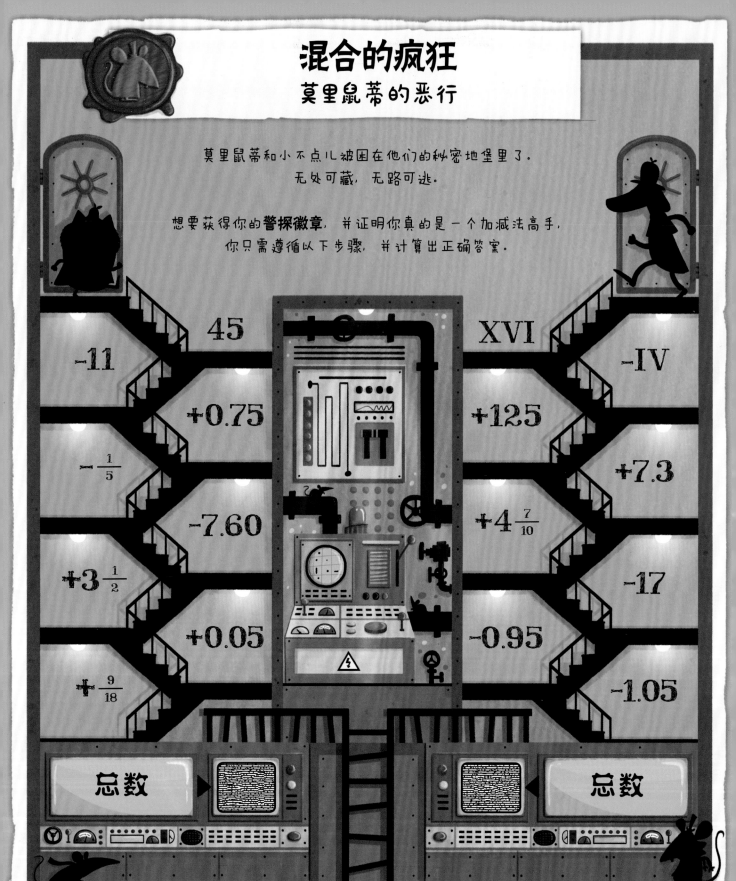

45

-11

$+0.75$

$-\frac{1}{5}$

-7.60

$+3\frac{1}{2}$

$+0.05$

$+\frac{9}{18}$

XVI

$-IV$

$+125$

$+7.3$

$+4\frac{7}{10}$

-17

-0.95

-1.05

总数

总数

兹证明你是一名
加减法大师。